Mustapha Guenaou
Abderahim Guenaou

O conceito de água em Ain El Hûts (Tlemcen)

Mustapha Guenaou
Abderahim Guenaou

O conceito de água em Ain El Hûts (Tlemcen)

ScienciaScripts

Imprint

Cover image: www.ingimage.com

This book is a translation from the original published under ISBN 978-620-6-72460-5.

Publisher:
Sciencia Scripts
is a trademark of
Dodo Books Indian Ocean Ltd. and OmniScriptum S.R.L publishing group

120 High Road, East Finchley, London, N2 9ED, United Kingdom
Str. Armeneasca 28/1, office 1, Chisinau MD-2012, Republic of Moldova, Europe
Printed at: see last page
ISBN: 978-620-8-23372-3

A TÍTULO DE APRESENTAÇÃO

Durante décadas, a história local de Ain El Hûts foi objeto de investigação por um professor e depois pelo seu antigo aluno. No mesmo contexto, gostaríamos de prestar homenagem aos nossos queridos professores: os professores que leccionaram na escola mista de Ain El Hûts durante muitos anos, antes de esta ser rebaptizada com o nome de um chahid, Sid Ahmed Khiat Maazouzi. Poucos geógrafos a visitaram, com exceção de El Bekri. A coleção de documentos, juntamente com uma compilação de textos publicados, centra-se principalmente num tema específico e singular: a localidade de Ain El Hûts que, juntamente com outras localidades, incluindo W-zidan (Ouzidan, uma francesização do topónimo), representa o hawz da medina de Tlemcen, a antiga capital do Magrebe central. Estas duas cidades, que já eram povoadas aquando da fundação dos reinos Abdalwadid e depois Zianid, foram fundadas há mais de doze séculos. Conhecidas pelos seus nomes respectivos, Ain El Hûts e W- zidan foram visitadas por um santo e poeta errante. Tratava-se de Sidi Ahmed Ben Youssef, padroeiro local da cidade de Méliana. No final da sua visita, datada do século XV, este santo legou alguns ditos satíricos, tal como tinha feito para a cidade de Tlemcen.

Para Ain El Hûts, é citado como tendo dito

" عين الحـــــــــــوت " "

شـــــــــــرب و فوت

"Ain El Hûts

Beba um pouco de água e passe ([1]) "

Na nossa opinião, estas duas localidades são as únicas a representar a história, a cultura e mesmo a memória dos extra muros, definidos pelo território hawz por oposição à medina e ao r-bad. Este termo foi introduzido na medina, que tinha perdido o seu carácter rural desde o século XIII, com a chegada dos primeiros andaluzes, a pedido dos primeiros príncipes de Tlemcen.

Na nossa humilde opinião, estes documentos, antigos e recentes, constituem uma base de dados não exaustiva para eventual estudo e utilização bibliográfica por parte de estudantes e professores-investigadores. Contêm, sem dúvida, informações de carácter sociológico, antropológico, histórico e até etnográfico.

Com pormenores reais, estes artigos continuam a ser fontes a explorar para compreender a história de Ain El Hûts, "blèd Eshorfa w -l-m-rab-tine" (a terra dos nobres e dos santos!).

A análise do conteúdo destes documentos conduz-nos a uma leitura das fontes introdutórias de qualquer investigação sobre a sociologia semi-rural em relação à sociologia urbana de tipo medina: Tlemcen, cidade árabe-mourisca, cidade árabe-muçulmana e cidade pré-colonial. A distinção é feita com base na fundação da hawma com a sua rede viária tradicional: o derb, a driba, a s-wiqa, etc.

A cidade de Tlemcen caracteriza-se pela coexistência de dois hawmats (bairros tradicionais): o hawmat dos hadars e o hawma dos kûlûghlis. Este último remonta à chegada e à instalação dos primeiros otomanos, que se casaram com raparigas árabes cujos descendentes eram conhecidos por Kûlûghlis. Este termo étnico designa os filhos de casamentos mistos entre otomanos e mulheres locais.

Neste quadro puramente simples e pouco ambicioso, partilhamos estes documentos informativos que oferecemos aos utilizadores, tais como professores-investigadores, estudantes, investigadores independentes e leigos interessados na história local. Estas fontes estão escritas em francês. Limitámo-nos a referências francesas sobre o assunto para podermos falar de escritos, alguns dos quais de autores europeus que viveram durante muito tempo em Tlemcen. Talvez estas fontes documentais venham a ser traduzidas ou publicadas mais tarde. Na mesma linha, pretendemos popularizar outros documentos relativos a Ain El Hûts, como os textos hawfi (poesia de mulheres anónimas). A nossa intenção nunca foi uma compilação ambiciosa, mas sim uma oportunidade para os leitores, entusiastas e leigos, conhecerem melhor a história desta localidade que, para além do terceiro dia do Eid el Fitr, do Eid el Ad-ha e da tsushwisha, reunia as mulheres para as saídas de campo na primavera (ziara e outras) e os rapazes para o verão (banho em Tsahamamits). Ficámos muito tristes com o desaparecimento do epitáfio de Sidi Slimane, que era irmão do fundador da cidade de Fez (Marrocos). Depois, vangloriamo-nos da qualidade do trabalho dos nossos mestres, dos nossos anciãos e dos nossos amigos mais próximos.

ÁGUA (EL MA/ EL MA-E)[2]

A água é um líquido necessário e indispensável à vida dos seres humanos, dos animais e da vegetação; mas, pela sua qualidade, tem vários significados simbólicos e espirituais. Estes significados estão agrupados em três e vários temas importantes e dominantes:

1. A água é uma fonte de vida,
2. Um centro alimentar,
3. Um centro de regeneração,
4. A água, um meio de purificação e de limpeza,
5. Um perigo para os descuidados. É o caso do mau tempo e das catástrofes naturais (chuvas fortes e dilúvios).

Representa o infinito e a claridade, prometendo o desenvolvimento para evitar qualquer ameaça de reabsorção, de impotência ou mesmo de desaparecimento. Neste caso, a fonte está associada ao banho e aos banhos mouros, ou mesmo às abluções. A fonte, em geral, traz água, vida, força, higiene e limpeza para a vida social, bem como para o corpo e o espírito, e, como forma de animação e manifestação, é o instrumento de purificação do corpo e do ritual. As abluções desempenham um papel essencial neste domínio.

Para os muçulmanos, a água benta de "zemzem" é um símbolo do sagrado para fazer um voto, uma vez que a purificação é conseguida através da água limpa.

Nas abluções, os fiéis consagram-se e sacrificam-se pelo ritual, que é simultaneamente purificador e regenerador.

A sua natureza confere-lhe a qualidade de bebida e leva-a também à purificação. A água assume o papel de fonte de vida para regenerar uma situação corporal e espiritual. Para continuar a ser o símbolo da purificação, da fertilidade, da pureza e da graça divina, a sua virtude introduz a sabedoria e o benefício. A sua fluidez significa a sua abundância, pois representa as possibilidades de grandes e pequenas manifestações. A água é a origem da vida e transmite-a numa atmosfera vital.

Se a água é fonte de vida, também pode ser fonte de morte. Além disso, a água, como criadora construtiva e destrutiva, é utilizada nos primeiros dias do nascimento e é recomendada para lavar o corpo.

A água está associada à função e à virtude do poço, da chuva, do rio, da nascente e da fonte, locais onde se oferece esta bebida, apreciada pelo Corão e pela tradição profética. A água é também uma fonte de alegria e de limpeza, até mesmo um desporto e uma fonte de maravilha. Os lugares sagrados encontram-se por vezes muito perto da água e desempenham um papel importante na terapia.

Sem água, a vida deixa de ser uma fonte de contacto e de crescimento para os seres humanos, os animais e as plantas.

A água é um salva-vidas em locais remotos e desertos.

A água de alteração é um meio de alimentação e de sobrevivência.

Na religião muçulmana, é solicitado para a oração e torna-se uma necessidade e uma súplica. Fertilizante do solo, exprime a benevolência e a alegria de viver do Todo-Poderoso.

Nas tradições muçulmanas, a água é oferecida a todos os visitantes e convidados para garantir a hospitalidade e a paz no descanso.

Assume a forma de um sinal de bênção de Deus, o Criador do universo, para simbolizar o Poder de Deus.

Na crença muçulmana, a água é a origem da existência divina. Mais importante ainda, na crença muçulmana, a água representa a sabedoria e a vida espiritual.

A água da vida é a água viva e a fonte de crescimento.

Purificará o homem, a mulher, o homem ou a criança, assim como poderá curá-lo para o resto da sua vida. Depois, ela é chamada para uma lavagem introdutória ao repouso eterno. Representa a lucidez, a transparência, a fecundidade e a preferência na escolha, pois possui e representa a virtude da purificação e da sacralização, confirmando o seu uso para as abluções antes de qualquer oração.

Em estado de conspurcação, a sua negligência implica, sem dúvida, uma ofensa religiosa, não aceite pelo Islão.

Pela sua função destrutiva, pode apagar todos os vestígios da presença humana, animal e vegetal, bem como os testemunhos da História, da Memória e das Lembranças.

Nos Lugares Santos do Islão, a presença de água é objeto de peregrinação porque a fonte de água é um remédio psicológico e um ritual na religião.

Tal como a água tem um poder terapêutico, também pode ter um poder destrutivo e punitivo. A água pode ser doce ou salgada, a primeira simboliza a pureza e a limpeza, enquanto a segunda é salgada para representar a água do mar, limpa para a higiene e a purificação, mas difícil de beber.

Quanto à água amarga, produz uma maldição que, por vezes, termina com a morte da pessoa que a consumiu. A água agitada é um sinal de infortúnio, representando o mal e a desordem. Quanto à água calma, significa a paz e o prazer numa situação de disciplina e ordem. A chuva, como a água, que também tem as propriedades da água, é abençoada porque vem do céu, um dos sinais divinos reconhecidos pelo Islão.

Encontra-se nos riachos do Paraíso, perto dos quais vivem as houris. A água é a Essência Divina, uma vez que desempenha as funções de criação e crescimento, simbolizando a higiene, a limpeza e a pureza, e mesmo a purificação do corpo e da alma para todas as orações da religião muçulmana.

A oração só é válida e aceite com base na purificação do corpo e da alma.

A água simboliza a vida na terra e no mar. A água da chuva é celestial para a fertilidade da terra e a fecundidade dos seres vivos. A fecundação é desencadeada nas condições certas, como no caso da germinação na terra. A água fecunda a terra e torna-se uma força vital e de crescimento, tornando-se a água, signo e símbolo da energia.

A limpeza atrai as pessoas, mas a água imprópria ou suja continua a ser um símbolo de mau cheiro, sujidade e horror, e a poluição só trouxe desastres, doenças e morte.
No livro sagrado, a água desempenha uma série de funções, ligadas à purificação, ao crescimento e ao desenvolvimento, e é também um instrumento de desastre e catástrofe.

Como meio de purificação, a sujidade e a impureza só desaparecerão através do uso de água pura e limpa.

Embora as abluções sejam necessárias, a purificação continua a ser a chave de toda a oração. Para tal, é necessário purificar o corpo e a mente. O Islão sempre atribuiu grande importância à água, considerando-a como um fator de fertilidade e de crescimento.

A água é uma fonte de vida e um retorno à vida, especialmente para a reprodução das plantas. No Além, tornar-se-á um instrumento de tormento, pois estará a ferver, a rasgar e a sujar. A boa água é um símbolo de alegria, de vida feliz, pelo seu sabor límpido, agradável e delicioso. Simboliza, portanto, os benefícios que Deus concede aos crentes muçulmanos. Simboliza a manifestação de Deus e permanecerá como água fértil para a germinação das sementes e das flores, para a purificação do corpo, do lugar e da alma, e como um lustre para ostentar o sinal e o emblema de todos os seres vivos.

Fonte : El Ain El Kbira

A pequena aldeia de Ain El Hout, situada a cerca de oito quilómetros a norte de Tlemcen, é composta por dois grupos de habitantes: um situado a leste, em torno dos túmulos dos santos e de uma fonte que serve de nascente epónima da aldeia; o outro, chamado Tghalimet, situado um pouco mais a oeste, é povoado por trabalhadores agrícolas e não parece beneficiar da bênção dos marabus. Os notáveis da aldeia, descendentes dos marabus, reclamam a descendência de Soleiman ben Abdallah, irmão de Idriss, o fundador de Fez, o primeiro sultão a apoderar-se do território de Tlemcen, então chamado Agadir (no século X). As tradições orais são eminentemente respeitáveis, e é por isso que não as contradizemos. Mas a verdade obriga-nos a dizer que os textos escritos, que são os nossos únicos arquivos sobre a aldeia e que se encontram junto dos túmulos dos marabus, datam do século XVIII.

Quando se chega a Ain El Hout, na estrada que sai de Bab el Kermadin ("a porta dos ladrilhadores"), que atravessa o ribeiro chamado Chabet el Horra, na estrada que liga Bréa a Négrier, e que conduz à aldeia a cerca de dois quilómetros deste cruzamento, a primeira coisa que chama a atenção é uma piscina muito bem conservada, muito frequentada por mulheres e raparigas muçulmanas, povoada por uma multidão de peixinhos dourados.

A nascente que alimenta esta lagoa deu o nome à aldeia. Uma placa informa os turistas que passam que é proibido tocar nos peixes. A lenda diz o seguinte:

"Um dia de maio, quando o tempo estava convidativo, uma irmã da princesa Choumissa saiu para apanhar flores nos arredores de Tlemcen e vagueou ao longo das margens do Chabet el Horra.

Um jovem bonito viu-a, reparou na sua beleza e quis vê-la mais de perto. Elogiou a princesa e ofereceu-se para a ajudar a apanhar algumas flores. A princesa suspeitou das intenções impuras do jovem e correu para se colocar a uma distância respeitável entre ela e ele. A corrida durou uma boa meia hora e a princesa temia o momento em que seria apanhada pelo jovem, quando viu uma grande fonte à sua frente. Não teve tempo para pensar e apenas fez um voto de escapar ao seu perseguidor. De imediato, atirou-se à fonte e Deus, que sempre se compadece das misérias dos fracos, transformou-a imediatamente num peixe". É obviamente por respeito a esta bela princesa que ainda hoje é proibido pescar na lagoa da aldeia.

AS FONTES PÚBLICAS DE AIN EL HUTS[3]

A conduta de água de El Ain El Kbira até ao bairro de Dar El Arça. Serão construídas quatro fontes públicas, por esta ordem:

Saqayèts El Djamaa

Esta fonte é designada por alguns como Saqayèts El Djamaa e por outros como Saqayèts Hammam Es sadaq[4] . Estava situada a igual distância entre o banho mouro de Sadaq Benhamou e a antiga mesquita de Ain El Houts. Aquando da construção da sua casa, ould Berrezoug deslocou-a para sul, a uma distância de cerca de cinco metros. Atualmente, encontra-se ao pé de um monumento aos mártires, no local da antiga barbearia de Ghalem. Para que conste, esta fonte servia para encher a piscina comum utilizada para regar os pomares do anexo. Na minha infância, esta piscina era utilizada como piscina para crianças. Esta mesma piscina situava-se entre dois antigos cafés:

- Qahwat El Hammam, com mesas e cadeiras
- Qawat El Bilem, com as esteiras dos Beni Snous, vulgarmente conhecidos por h- sayèr.

Saqayèts Sidi Mansour

Devido à sua proximidade com o mausoléu do santo Sidi Mansour, esta fonte apresenta um certo número de caraterísticas que a distinguem das fontes habituais, como a Saqayèts El Djamaa ou a Saqayèts Hammam Es sadaq. Trata-se de uma fonte de lavar e beber com uma tripla função:

- Fornecimento de água potável para as mulheres dos blocos adjacentes e superiores[5]
- A casa de banho das mulheres nos mesmos ilhéus
- O bebedouro dos animais[6] e os rebanhos[7]
- Irrigação de pomares da dependência.

Para o consumo familiar e doméstico, as crianças, as mulheres e as raparigas forneciam voluntariamente água potável à família. A população local utilizava a expressão popular "yamlaw el ma" para uns e "y'aamro el ma" para outros. Para nós, trata-se de carregadores de água para consumo familiar. Para os baldes, fala-se de "byadène" (plural de bidoun) em vez de delw.

Muitas mulheres, que trabalharam com a lã durante a guerra de libertação nacional, vinham lavar quantidades de lã para secar, polvilhar com kebrits (enxofre amarelo do tipo Qannout para conservação e proteção contra os insectos) e outros tratamentos. ácaros), tsqardish (cardação da lã), ghzil (fiação), a fim de transportar o produto acabado para ser vendido no Sûq El Ghzel (na praça conhecida como Mawqaf) em Tlemcen. Entre as mulheres que eu tinha visto, contavam-se a minha avó paterna e as minhas tias, que carregavam rezma essôf (feixes de lã) à cabeça até Tlemcen e, sobretudo, quando se dirigiam ao seu destino.
Alguns anos após o início da guerra de libertação nacional, as mulheres que fabricavam produtos de lã passaram a ter grande dificuldade em deslocar-se a pé em Tlemcen.
Ould Melouka vinha recolher lã. Em vez da recolha contratada pelo comprador, as mulheres vinham oferecer-lhe os seus respectivos produtos:
Dar Boumedienne Benguedih, primo de Hadj Mansour, em frente ao forno comunitário de Ahmed Laddawi, propriedade de Ahmed Merzouqi, cujo verdadeiro nome era Chergui e que era pai de Ammi Abderahmane Ettarrah.

Outras mulheres vinham ao lavadouro para lavar roupa, cobertores diversos, outras roupas de cama e de dormir, etc. No final dos anos cinquenta (séc. XX), notamos os marcadores do :

- Contribuição
- Solidariedade
- Participação física
- Utilização da assistência
- Assistência mútua
- Concursos
- Apoio.

Este heptaptico remete-nos para os marcadores do que é conhecido nas práticas linguísticas da localidade como a "Touiza". O trabalho decorreu em boas condições, animado por uma atmosfera feminina e particular, pois ouvimos as mulheres cantarem uma poesia feminina anónima, vulgarmente designada por "Touiza".
"Hawfi. Os agricultores, que incluíam os proprietários de terras, campos e pomares, bem como aqueles que alugavam a sua mão de obra, levantavam-se

cedo para se dirigirem ao seu local de trabalho. Os proprietários de gado e de rebanhos paravam no bebedouro enquanto os animais e os rebanhos bebiam em paz e sossego.
Passando em frente a esta fonte, estes camponeses bebiam esta água fresca e límpida do Ain El Kebira de manhã cedo ou enchiam os seus respectivos jarros de cerâmica (q- lèl, plural de qolla), cobertos de juta (khish ou shkara) entremeada de grãos de trigo para manter o recipiente e o conteúdo frescos durante o verão.

Saqayèts Benqrich

Esta simples fonte pública, com o seu habitual bezzûl essaqaya (torneira), formava uma torneira de caudal permanente. Abastecia as casas do quarteirão onde viviam as famílias Benmansour e os seus primos de El Abbes, entre os quais Si Abdelazziz Benmansour, proprietário de terras e antigo conselheiro municipal. A sua casa fica em frente, a dois ou três metros de distância.
Para que conste, Ammi Abdeldjelil El Abbes, proprietário de terras e portador de uma baraka, um favor para a prática sociocultural vulgarmente conhecida por "tsa'zima".
Chamávamos-lhe "Ammi Abdeldjelil El 'Azzam", tal como Ammi Belkhouane, cujo verdadeiro nome era Khouane Bounouar, e Ammi Gryd, cujo verdadeiro nome era Baraka. Estes dois últimos são seguidores da tariqa Aissawiya.

Os três tiraram água de um copo e recitaram alguns versos do Corão no mesmo recipiente por uma quantia simbólica, em troca da leitura dos versos sagrados. Para uns era água benta, para outros era água sagrada, porque a água era purificada pelo Corão. Os doentes, afectados por El lezm (gânglios das amígdalas) ou outras afecções faciais. Esta água é vulgarmente conhecida localmente como "El ma Mraqi";
A crença da população local refere-se a marcadores de aceitação mental e de satisfação moral no contexto da cura do mal pelos versículos do Corão. A população de Ain El Hûts acredita nesta prática sociocultural pelas razões e motivos seguintes:
- Cura através de versos corânicos ou do Alcorão sagrado.
- Favores de cura concedidos a indivíduos específicos.
- A mentalidade ligada à crença popular.
- Aceitação da ideia de purificar a água para a tornar semelhante à água benta de Zemzem.

A título de ilustração, tomemos o exemplo de Ammi Abdeldjelil, conhecido por esta prática sociocultural e pelo favor da baraka que se diz que Deus lhe deu, durante muito tempo. Quando as crianças iam ter com ele para aquilo a que chamamos "El ma Mraqi".

De acordo com a tradição local, Ammi Abdeldjelil tinha o "Azima" para uns e o "hikma" para outros. Além disso, enchia o copo até meio, para evitar o derrame de algumas gotas de água abençoada pelos versículos do Corão. É aconselhável ter cuidado com o conteúdo do copo de água durante o trajeto. Encheria o copo na fonte conhecida como Saqayèts Benqriche.

A água corre abundante e ininterruptamente, pois um pequeno ribeiro conduzia ao destino dos pomares verdejantes e das árvores de fruto, incluindo laranjeiras e olivais. A água do Saqayèts Benqrich é utilizada para irrigar vários pomares, conhecidos pela diversidade dos seus frutos.

Para mais informações, Saqayèts Benqrich ficava ao lado e atrás da casa conhecida como Dar Esharef, um grande mecenas das artes e pai do nosso colega do Liceu Docteur Benzerdjeb, Brahim, que se tornou executivo numa administração. Atualmente, está reformado.

Uma grande sala foi ocupada à força pela administração da SAS (secção administrativa especializada). Esta sala foi utilizada como quartel-general e local de tortura da população masculina local, filiada na FLN ou na ALN, até à construção, entre 1956 e 1958, do forte militar, vulgarmente conhecido por "El Bordj", um recinto que cobria os três lados do mausoléu de Sidi Abdellah Benmansour, o santo epónimo e padroeiro de Ain El Hûts.

Saqayèts Dar Esheikh

Esta fonte é uma fonte de água potável porque os camponeses de Dar El 'Arça, um bairro de descendentes de santos locais como :

- Sidi Abdellah Benmansour.
- Sidi Mohamed Benali.
- Sidi Slimane.

Tal como as outras fontes públicas, esta fonte tem três funções tradicionais:

- Abastecimento de água potável às mulheres de dar El 'Arça
- O local de abeberamento do gado e dos rebanhos, pertencente às famílias conhecidas como El m'rabtine

- Irrigação dos pomares no anexo por baixo da casa Dar Esheikh
- Abastecimento de água ao banho mourisco, anteriormente conhecido como Hammam Dar El Arça, um antigo banho mourisco construído na época otomana.

Para a História e a Memória, esta fonte pública ou bebedouro encontra-se atualmente a dois metros de um muro histórico que nos recorda o espetáculo da fraternidade religiosa dos Aissawa para uns e da tariqa Aissawiya para outros. Todos os três dias de Eid, quer se trate de Aïd Seghir (Aïd El Fitr) ou de Aïd El Kbir (Aïd El Adha), os seguidores dos Aissawa, provenientes de toda a Argélia Ocidental, reúnem-se para celebrar a festa. Todos os anos, os seguidores da ordem religiosa formam um grupo de mais de dois rangers para a procissão que parte de Ain El Kebira. Estes seguidores, dançarinos populares e invulgares, eram sempre acompanhados por músicos ou tocadores de instrumentos como o :

- Tbèl , um tambor
- Ghaïta para uns e zorna para outros
- Bendir para uns e bendayer para outros
- Tbila ou neqarèts.

A procissão parte de Ain El Kebira (fonte principal) para o local conhecido como Qawç para alguns e majmaa Eçollah para outros. Depois de uma paragem e de um espetáculo em frente ao mausoléu de Sidi Mansour, a trupe separa-se para subir ao mausoléu de Sidi Abdellah para uma ziara, uma visita piedosa ao local de sepultamento do santo epónimo e padroeiro de Ain El Hûts. É uma corrida a alta velocidade: o primeiro a chegar é o seguidor com mais mérito e baraka.

Após a visita piedosa, os devotos, seguidos pelas crianças e pela população masculina, fizeram o mesmo percurso até ao mausoléu de Sidi Mohamed Benali para outra visita piedosa. As famílias assistiram a uma cerimónia conhecida como "El Heurrif", um leilão de produtos recolhidos ao longo da procissão, ofertas de pão, tâmaras, fruta e outros produtos consumíveis e, sobretudo, vendáveis.

No final da cerimónia, o produto da venda era entregue ao mqaddem para complementar o dinheiro recolhido ao longo da procissão. O acontecimento foi pintado por um pintor europeu, André Suréda (1872-1930), que assistiu à procissão entre 1910 e 1920. Após as duas piedosas e respectivas visitas aos dois locais de sepultamento dos santos, os seguidores dos Aissawa e a população local e convidados descem um caminho, descrito como uma descida acidentada, até à esplanada de Dar Esheikh, junto ao bebedouro público.

Debaixo da grande amoreira, à sombra, os devotos instalam-se para o grande espetáculo, justificando o fim da cerimónia e da procissão. Pede-se aos presentes que se coloquem em cima de um muro para melhor observarem o espetáculo público, com grande respeito e exemplar disciplina. O final do espetáculo anuncia o encontro para a próxima festa de Eid.

Saquiet Ethahtania (tsaa Dar El Arça)

Para se aproximarem da fonte de água, as famílias que vivem a alguns metros do local conhecido como Khrareb, antigo local da fábrica de crina de cavalo, vulgarmente conhecida como Rhat Benammar, que era proprietária do terreno vizinho, decidiram estender o cano de água da fonte e do bebedouro de Dar Esheikh. Escolheram um local entrincheirado para instalar uma fonte. De acordo com uma inscrição (14.4.64) no muro contíguo à fonte, esta data de 14 de abril de 1964. Esta data refere-se principalmente ao início da independência nacional. Designada como tal, esta fonte servia também de bebedouro para os agricultores locais, que saíam de manhã cedo para os seus campos e pomares em Tsghalimet e Sennoun.

10 de agosto de 1977, fotografia tirada perto de Ain Bent Essoltane pelo Dr. Boumediene Bouali

AS NASCENTES À VOLTA DE AIN EL HUTS

1- **Ain Seb'ûn**

Situa-se não muito longe de Bene eddib e Ennekhla.

2- Ain Bent Essoltane

Está situado nas margens do El Mechraâ de l'Oued, perto dos antigos moinhos de água.

A água da chuva no Corão

A população de Ain El Hûts recomenda a utilização da água da chuva recolhida em recipientes. De facto, vários versículos do Corão fazem referência às virtudes da água.

A utilização da água no âmbito de Tahsin El Beyt

Os habitantes de Ain El Hûts recomendam esta água para proteger as suas casas contra as práticas ocultas e o mau-olhado.

Água da fonte

Antes de beber água de nascente, é aconselhável recordar El Besmala

"Bismi Allah

O contentor

Em árabe, são utilizadas várias palavras para designar um recipiente:

Os árabes estão habituados a armazenar e/ou transportar água num saco de pele de animal (pele de cabra, etc.), vulgarmente designado por "distinguée".

"guerba" para água
- "Shekwa" para leite e soro de leite

- "Mezwed" para farinha, trigo moído, cevada moída
- "Eukka" para mel
- "Zokra" para vinagre

Fonte :Lissan El Arabe

Nomes árabes esquecidos para a chuva em Ain El Hûts

A água da chuva era conhecida por uma multiplicidade de nomes. O vocabulário que caiu em desuso é :

"El haya-e" para a água da chuva, tendo reavivado a terra seca

"El Ghayth" para a chuva que caiu depois da seca

"Eddima" para a chuva que dura

"Eshabibou" para a chuva que cai repetidamente

"Errihma" para a chuva que cai ligeiramente

"El Quitquitou" para as gotas de chuva

"El Wabel" para as grandes gotas de chuva

"El 'Ayn" para chuva ininterrupta durante dias a fio.

"El Walyû" para a estação das chuvas

"ES Sayiatsatsôu" para uma chuva que lava tudo o que encontra no seu caminho

Fonte : Fiq-h Ellougha/ Ethaaalibi

Nomes para a chuva em árabe

Em árabe, a chuva tem vários nomes, incluindo :

"El Houtsane" para precipitações moderadas

"El Ghoudq" para um duche

"El Ya'loul" a chuva que cai e pára para voltar a cair

"Esh Shou'eboub" para o grande aguaceiro

Outro vocabulário relacionado com a chuva

Em árabe, utilizam-se vários termos para descrever a chuva. A título de exemplo, podemos mencionar :

"Ettôl" para designar chuva fraca

"El Wadq" para designar a chuva ininterrupta

Vocabulário sobre a neve

Em árabe, são utilizados vários termos para descrever a neve:

"Essiqtou

"El Ghourabou

"El Khashifou

"Dahko

"El Djamdou

"El Khashafou

"El Houlhoulou

"El Damqou

"Eddarribou

"El 'Adrassou

"Eddamikou

"Eddalmou

Fonte :Lissan El Arabe

El Oued: uma denominação especial

Rodeada de pomares (árvores de fruto), a região de Ain El Hûts é dedicada à agricultura. A população local refere-se ao El Oued como o grande rio, que nasce em El Mefrouche, passa por Ain Fezza, Saf Saf, antes de desaguar no Tafna, em Sekkak.

El Oued recolhe a água de :

- Nascentes de baixo caudal ao longo do rio
- Nascentes de grande caudal ao longo do rio
- Gueltas (Tsamlallou, Tbal, etc.)
- Ain Gueroui (não muito longe do pomar de Mohamed Bekhti)
- E assim por diante.

Tradição de ferver a água, uma prática do passado

Os habitantes de Ain El Hûts utilizavam uma chaleira, vulgarmente designada por "Kafatsira". No que respeita à etimologia, este termo tem origem na palavra francesa cafetière. É o caso da prática linguística do falante argelino.

Fora de água: nomes e origens

Rica em vocabulário, a língua árabe utiliza as palavras, e mais particularmente os verbos, de acordo com a sua origem:

"Sahha", água das nuvens

"Naba'a", água de uma nascente

"Inbajassa", água das rochas

"Fada", água que transborda, do rio/ de um rio

"Wakaffa", água (gotas, etc.) do teto

"Saraba", água de uma bolsa de pele de animal (de uma fenda, etc.)

"Rashaha", água de um recipiente (de uma fenda, etc.)

"Isakaba", água de uma nascente

Fonte : Fiq-h Ellougha/ Ethaaalibi

A progressão da sede: crescimento e fases sucessivas da sede

Em árabe, os dicionários lembram-nos os graus de sede que representamos graficamente através de uma pirâmide

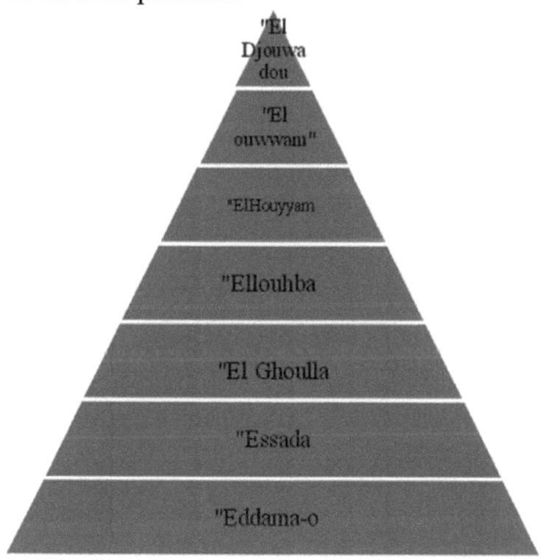

Fonte : Fiq-h Ellougha/ Ethaaalibi

Hfaynats El Ma

Na língua utilizada em Ain ElHûts, a população local utiliza um vocabulário para se referir à quantidade/capacidade da água:

- "Djoghma" para um gole de água
- "Hfina" para designar uma quantidade de água contida na palma da mão (o interior de uma só mão)
- "Hafna" para designar uma quantidade de água contida nas duas palmas da mão (o interior das duas mãos juntas).

Os nomes da água

Em árabe, são utilizadas várias palavras para descrever a água:

"El Abab

"El Hassir

"El Qasmou

"El Kawkabou

"El Balal

"Er Riq

"Er Red-'a

"Etsa-emour

"Er Rida'mane

Fonte "Mou'djam esma'e El Ashya-e

Consumo de água do hammam e de recipientes

De acordo com a tradição ancestral, a população local de Ain El Hûts utiliza recipientes de água:

- "tassats El Hammam
- "Stela", pequeno recipiente para abluções
- "El Bidoun" (origem: francês argelino): o barril
- "Qbiba: um recipiente com pegas para transportar água
- "El Eub": recipiente de água para tomar banho no hammam.
- "El Borma" para designar a bacia de captação de água
- "Brimats El Hammam", o recipiente, em forma de lata, para o transporte de pequenas quantidades de água.
no bain maure

Guelats El Oued

Em Ain El Hûts, a população local utiliza a palavra "Guelta" para designar :

- Uma taça de água ao ar livre
- Uma depressão onde se acumula uma quantidade de água
- Uma piscina de água

Localmente, o termo é utilizado sem distinguir as zonas onde a água se acumula, embora a profundidade varie de um local para outro:

- Profundo
- Raso
- Superficial (superfície)

Consumo de água: utilização da heufna e outros

Na tradição local de consumo individual de água, as pessoas utilizam :

- "Hfina", com o uso da mão
- "Heufna", com as duas mãos levantadas
- "Tsakri'âa", usando os lábios da boca.

Utensílios para beber água

Em árabe, a variedade de recipientes depende do material utilizado para os fabricar:

"El Qad-h", de vidro

"El 'ôsso", de madeira

"El M'rkane", em faiança

"Essowwa'e", de prata ou de ouro

Água da fonte e outros

Em Ain El Hûts, o nome dado à água depende da sua proveniência:

- "El Ma Tssa El 'Ain", vindo da nascente
- "El Ma Tsaa Es Seqaya", da fonte pública
- "El Ma Tsaa El Bir", do poço.
- "El Ma Tsaa El Oued", do Oued (grande rio)
- "El Ma Tsaa Saqiya", vindo da ribeira
- "El Ma Tsaa Ennow", água da chuva
- "El Ma Tsaa Entaf", águas residuais

Os poços

Em árabe, os poços são diferenciados pelos seus respectivos nomes

-" El Qalib", um poço sem dono

-" El Djob", o poço profundo

- "Er Rakiya, o poço de baixo caudal

- "El 'Alim", o poço de grande caudal

- "Erras, o grande poço

-" El Khassif", o poço escavado com pedra (tradição antiga e trabalho mouen)
Fonte : Fiq-h Ellougha/ Ethaaalibi

A diferença entre os tipos de vidro na água

A língua árabe distingue entre um copo com um anel e um copo sem anel:

- "Kouz", um copo de vidro

-Koub", um copo sem gelo

O balde de água de .

A população de Ain El Hûts tinha conhecido várias formas de selo ou lata:

- "Bidou El Marikane", selo americano, utilizado a partir de 1942
- "Edlou", o selo utilizado para tirar água do poço
- "El Bidoun Esghir" , selo pequeno
- "Bido el Blastic", selo de plástico
- "Bidoun El Hdid, selo de metal

RECOMENDAÇÕES PARA SE MANTER HIDRATADO[8]

Na cultura árabe-muçulmana, o povo de Ain El Hûts herdou instruções e recomendações para manter a saúde de homens, mulheres e crianças através da hidratação do corpo humano. Para o efeito, cinco recomendações recordam-nos a necessidade de beber água:

1- De manhã cedo
2- Antes de qualquer refeição
3- Entre as refeições
4- Antes de entrar no hammam
5- Antes de ir para a cama.

É importante notar o lugar do número cinco na cultura e nas tradições locais e poder compreender estas recomendações, que são muito antigas nas práticas socioculturais das populações de Ain El Hûts. A recomendação diária de beber água aplica-se a todas as pessoas, exceto aos adultos, durante o período da Quaresma, no mês sagrado do Ramadão e nos dias estabelecidos pela Sunnah. Foi preciso esperar vários anos para encontrar uma explicação, confirmada pela OMS (Organização Mundial de Saúde), que recomenda um consumo mínimo de dois litros de água por dia. A nossa curiosidade leva-nos a distinguir três categorias de pessoas:

- As mulheres.
- Os homens.
- As crianças.

De acordo com a tradição local, as pessoas que mais têm a ganhar com a ingestão de mais de dois litros estão nesta linha do tempo:

- Bebés.
- As crianças.
- Os doentes.
- Pessoas idosas.[9]

A ciência forneceu-nos conhecimentos sobre o consumo de água para nos recordar as necessidades de água do corpo humano. Acontece que o corpo humano contém uma grande quantidade de água. Trata-se de um líquido necessário. Este facto é explicado pelos resultados da investigação científica.

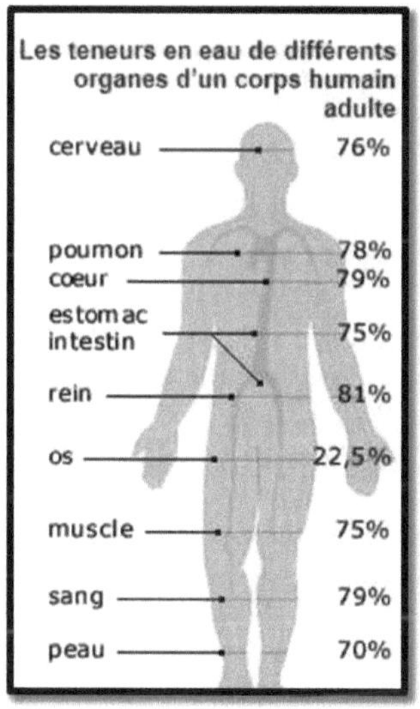

Fonte: cnrs.fr

A questão da água é pertinente e remete-nos sobretudo para os órgãos, que são considerados muito ricos em água:

- O coração.
- O cérebro .
- O rim.

O corpo humano necessita de uma certa quantidade de água para satisfazer as suas necessidades. Além disso, estas necessidades conduzem à investigação científica e aos resultados de trabalhos académicos:

O corpo humano necessita de água e elimina-a gradualmente durante o dia através de :

- Urina.
- Transpiração.
- Outros .

Neste contexto, podemos falar de uma troca efectuada pelo corpo humano entre a aquisição e a perda de água.

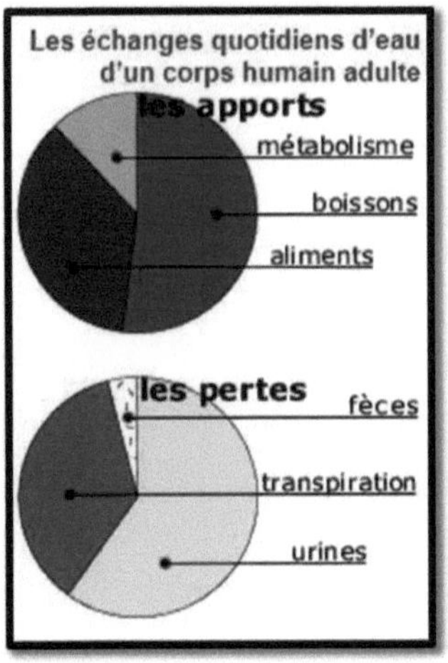

Fontes: cnrs.fr

PROIBIÇÕES SÓCIO-CULTURAIS

Na prática, as avós e as mães proibiam as crianças de beberem água de pé e recomendavam que se sentassem. As razões para tal encontram-se na Sunnah :

Em Ain El Hûts, várias práticas são social e culturalmente proibidas. Estas práticas sócio-societais são designadas pelos sócio-antropólogos como proibições sócio-societais.

Eis alguns exemplos:

- Mijar na água
- Golpear a superfície da água com golpes

A população local recomenda que se respeitem os hadiths (ditos/dizeres/práticas) proféticos:

- Sentar-se para beber
- Não beber em pé
- Beber água de forma intermitente (com uma pausa momentânea)
- Beber três vezes por dia de forma intermitente (com paragem momentânea)

Beber água às refeições

Registámos um certo número de comentários e observações relativos ao consumo de água:

Os habitantes de Ain El Hûts recomendam :

- Beber um copo de água todas as manhãs
- Não beber água às refeições
- Beber água após cada refeição
- Respeitar um terço da capacidade de água do ventre
- Beber a água conhecida como "El Ma M'reqqi" ou a água de Meca "Ma-e Zem Zem".

BIBLIOGRAFIA

Livros sagrados

1-O Alcorão
(Tradução nova do Sheikh Boubakeur Hamza)
Argel, ENAG éditions, 1989 (2 volumes)

Dicionários, glossários e enciclopédias

BARAKE(Bassam)
Dicionário linguístico. Francês - Árabe
Com um índice alfabético de termos árabes
Tripoli(Líbano),Jarouss Presse, (?), 298 p

BEAUSSIER(Marcelin)
Dicionário Árabe-Francês Nova edição, revista, corrigida e actualizada ampliado por Mohammed Bencheneb Argel, La maison des livres, 1958 (2 volumes)

BOUIKEN BAHI (Amar Abdelkader)
Dicionário de provérbios e ditos proverbiais
Oran , LAROS,2007, 245p+198 p

CHEBEL (Malek)
Dicionários de símbolos muçulmanos. Ritos, misticismo e civilização
Paris, Michel Albin, 2000,501p

CHEVALIER (Jean) , GHEERBRANT (Alain)
Dicionários de símbolos. Mitos, sonhos, costumes, gestos, formas, figuras, cores, números
(Edição revista e aumentada)
Paris, Robert Lafont/Jupiter ,1992,1060 p

COLECTIVO
Encyclopaedia of Islam Leiden/Paris

COLECTIVO (sob a direção de Mohammed Ali Amir -MOEZZI)
Dicionário do Alcorão
Paris, Robert Laffont,2008,981 p

COLECTIVO (sob a direção de Pierre BONTE e Michel IZARD)
Dicionário de etnologia e antropologia
Paris, PUF,2007,842 p

COLECTIVO (Sob a direção de A.L. de PREMARE)
Língua e cultura marroquinas. Dictionnaire Arabe- Français Paris, L'Harmattan, 1993(12 volumes)

GAID (Tahar)
Dictionnaire élémentaire de l'Islam Alger, OPU,1991,418p
(2e edição)

MAHREZ(Amina)
Glossário fundamentado de palavras francesas de origem árabe
Alger,éditions Dar Othmania,2006,187 p

PONT-HUMBERT (Cathérine)
Dicionário de símbolos, ritos e crenças
Paris, Hachette, 2003,434 p

WARING (Philippe)
Dicionário de presságios e superstições
Tradução e adaptação de Christel Rollinat Paris, Editions du Rocher,1982,271p

OBRAS BIBLIOGRÁFICAS

COLECTIVO

Mille et un livres sur le monde arabe Paris, Maison des Sciences de l'Homme,1984,290 p

COLECTIVO

O mundo árabe e muçulmano no espelho das universidades francesas. Diretório das teses defendidas nas universidades francesas, em Ciências Humanas e Sociais, sobre o mundo árabe e muçulmano (1973-1987)
Jacqueline Quilès, com a colaboração de Danièle Bruchet, Marie Burgat, Monique Codron e Jean-pierre Dahdah)
Aix, CNRS, 1991,198 p

HENRY (Jean-Robert) e BALIQUE (François)

A doutrina colonial do direito muçulmano argelino. Bibliografia sistemática e introdução crítica.
(CNRS e Centro Regional de Publicações de Marselha, Les Cahiers du CRESM)
Paris, CNRS,1979,178 p

JANIER (Emile)
1- "Bibliografia das obras d e Alfred Bel
in Revue Africaine, 1945, pp110-16
2- "Bibliografia das publicações sobre Tlemcen e a sua região".
in Revue Africaine, 1949, pp314-34

LARNAUDE (Marcel)
"Bibliographie Algérienne (1934)" in Revue Africaine, 1935, pp196-209

MAYNADIES (Michel)
Bibliographie Algérienne. Repertório das fontes documentais relativas à Algérie
Argel, OPU, 1989,336 p

SHINAR (Pessach)
O Islão magrebino contemporâneo. Bibliografia anotada
Paris, Editions du CNRS, 1983, 506 p

OBRAS OBRAS

ABOU BEKR (Abdeslam)
1- "Usage de droit coutumier dans la région de Tlemcen", Revue Africaine, 1936, pp813-66
2- "Notes sur les amulettes chez les indigènes algériens", Revue Africaine, 1937, pp309-18

ADDA BACHIR (Abdelkader Mazari)
A peregrinação
Oran, Edições Dar El Adib,2006,166 p

ADHAHABIY (O Imã)
Os pecados capitais. Resumo da obra do Imã Adhahabiy
Tradução de Youssef Sattay. Revisto e corrigido pelo departamento de tradução
Bruxelas, Ed. El- Fajr, 2006, 94 p

AL -JILI (Abd Al Karîm
Homem universal
Extrato traduzido do livro Al-Insan Al-Kâmil Tradução do árabe com comentários de Titus Burckhardt
Paris, Dervy -Livre, 1975, 98 p

AL MUQADDASI
Descrição do Ocidente muçulmano nos séculos IV a X.
Argel, Editions Carbonel, 1950, 122 p (texto árabe e tradução francesa com introdução, notas e quatro índices de Charles Pellat).

AL YA'QUBI
Description du Maghreb en 276/889 (Extrait du " Kitab al-Buldân " Alger, Institut d'Etudes Orientales,1962,XXVII p + 61 p
(Texto árabe publicado após a edição de Leiden -1892- por Henri Peres, professor da Faculdade de Letras de Argel. Prefácio e tradução anotada de

Gaston Wiet, membro do Instituto; prefácio de Georges Marçais, membro do Instituto).

ANÓNIMO
1- Tipos de monoteísmo Tradução e publicação de
Daroussalam; revisão de Mohammed Al -Amin Ben Ibrahim
Riadh, Daroussalam,2001,32 p 2-Les piliers de la foi Tradução e publicação por
Daroussalam; revisão de Mohammed Al -Amin Ben Ibrahim
Riadh, Daroussalam, 2005,32 p (2.ª edição)

BASSET (René)
"Mille et un contes, récits et légendes arabes" de H. Massé (CR dos volumes I, II e III)
Revue Africaine, 1925, pp369-71 e 1927, pp 311-2

BEAUD (Michel)
A arte da tese
Como preparar e redigir uma tese de doutoramento, uma dissertação de mestrado ou uma dissertação de licenciatura
Argel, Casbah éditions,1999, 172 p

BEAUD (Stéphane, Florence Weber)
Guia de levantamento de campo (Nova edição)
Paris, La Découverte, 2003,357 p

La population musulmane de Tlemcen Paris, Librairie Paul Geuthner,1908,57 p (Extractos do R.E.E.S.1908)

BELHALFAOUI(Mohammed)
1- Poesia popular árabe do Magrebe
Paris, François Maspéro,1982,206 p
2- "Le Melhoun : une production classique et une relève ",Thurath (les cahiers du CRASC) n° 15, 2006 : Le melhoun : textes et documents (sous la direction de Ahmed Amine Dellaï)Pp 67-88

BENABADJI (Foudil)
Tlemcen na história através de contos e lendas
Prefácio de Mohammed Dib Paris, Publisud, 2003,448 p

BENABDELKRIM AL DJAZAIRI (Mohamed, Dr.)
A decisão islâmica sobre o casamento de um homem muçulmano com uma mulher não muçulmana e vice-versa
Sl,Sd,Se,68 p
(Tradução do texto em árabe)

BENACHENHOU (A)
Conhecimento do Magrebe. Notions d'éthographie, d'histoire et de sociologie
Argel, Editions Populaires de l'Armée,1971, 388 p

BENATTIA (Abderrahman)
História de uma língua universal: Árabe Argel, Edições Houma, 2006,383 p

BENHADJI SERRADJ (Mohammed)
"Páginas de folclore tlemceniern. Le retour du printemps", IBLA, Tunis, 1951, pp 73-82

BENHAMOUDA (Boualem, médico)
1- Les clés de la langue arabe Algiers, OPU,1993,413 p(2e edition)

2- A origem árabe da língua francesa Paris, Dialogues éditions, 1996,131p
3- O exato de certas palavras espanholas Estudos acompanhado de de citations à apporter au dictionnaire de l'Academie Royale de Langue espagnole Algiers, éditions Dar El Oumma,1991,126 p

BOUAMRANE (Chikh, Dr.)
Um olhar sobre a cultura de ontem e de hoje
Argel, HCI, 2005,263p

BOUCHERIT (Aziza)
Árabe falado em Argel
Argel, Edições ANEP,2006,338 p

BOUDECHICHE (Smaïl)
Referências do Alcorão. Hizb "Amma" e "Sabbih
Argel, Dahlab, 1995,216 p

BOUDJEDRA (Rachid)
Vida quotidiana contemporânea na Argélia
Paris Hachette1971, 253 p

CAILLE (Alain)
Antropologia da dádiva
Paris, La Découverte, 2007,276 p

CAILLOIS (Roger)
1- O homem e o sagrado
Paris, Gallimard, 2006,250 p

2- O mito e o homem Paris, Gallimard, 2002,189p

CAZENEUVE (Jean)
Sociologia do rito Paris PUF1971,334p

COMBESSIE (Jean-Claude)
Método em sociologia
Argel, Casbah éditions,1998,123 p

COPANS (Jean)
O inquérito e os seus métodos. Trabalho de campo etnológico
Paris Armand Colin,2005, 137 p

CUSSET (Pierre- Yves)
A ligação social
Paris ,Armand Colin, 2007,126 p

DEJEUX (Jean)
Djoh'a, ontem e hoje Sherbrooke, A.Naaman,1978,121 p

DERMENGHEM (Emile)

"A mística de Tlemcen. Saints et confréries Tlemcen et sa région", número especial de Richesses de France, 1er trimestre 1954, pp13-20pp53-7

DJEGHLOUL (Abdelkader)

1- Oito estudos sobre a Argélia Argel, ENAL, 1986,205 p

2- Eléments d'histoire culturelle algérienne Argel, ENAL, 1984,244 p

EL HASSAR (Benali)

Tlemcen. Cidade dos grandes mestres da música árabe-andaluza
Alger, Editions Dalimen,2002,163 p (Prefácio de Mahmoud-Agha Bouayed)

ELIMAM (Abdou)

O Maghribi
AKA "ed-darija
(La langue consensuelle du Maghreb) Oran, Dar El Gharb,2003,237 p

GAUDEFROY -DEMOMBYNE (M) e ZENAGUI (Abdelaziz)

"Récit en dialecte tlemcenien", Journal Asiatique, julho-agosto de 1904, pp45 - 117

HACHELAF (Mohamed El habib)

El Haoufi . Cantos de mulheres da Algérie Argel, edições Alpha, 2006, 373p

HAMIDOU (Abdelhamid)

1- "Aperçu sur la poésie vulgaire de Tlemcen. Os dois poetas populares de Tlemcen: Ibn Amsaïb e Ibn Triki", Revue Africaine, 1936, pp1007-46
2- "Devinettes populaires de Tlemcen" Revue Africaine, 1937, pp 357-72

MAUSS (Marcel)

1- Manual de etnografia
Paris Payot et Rivages, 2002,363 p
2- Obras.1: As funções sociais do sagrado
Paris, Les Editions de Minuit, 2005,636p

3- Ensaio sobre o dom, seguido de relatórios da psicanálise e da sociologia
Argel, ENAG éditions, 1989,231 p (Apresentação de Houria Benbarkat)
4- Ensaios de sociologia
Paris, éditions de Minuit, 1971,252 p
5- Sociologie et anthropologie Introdução de Claude Levy Strauss. Paris, PUF, 1968, 482 p

NACIB (Youssef)
Eléments sur la tradition orale Argel, SNED,1982,143p
(2e edição)

NEFZAOUI (Xeque)
O Jardim Perfumado. Um manual de erotologia árabe.
Paris, Ina-Yas, 1999,294 p

SOUALAH (Maomé)
1- Curso complementar de árabe falado. A sociedade religiosa: festas, cerimónias, fundamentos do Islão, ritos, marabus. Os dialectos da Argélia e de Marrocos: costumes, hábitos, instituições dos nativos, planos de aulas.
Argel, La Thypo-Litho et J.Carbonel,1958,VI p + 217 p

2- Curso elementar de árabe falado. Leitura, escrita, exercícios de língua, lições de objectos, histórias, anedotas, exercícios de inteligência.
Argel, La Thypo-Litho et J.Carbonel,1956,VII p + 175 p

TALEB (Mohammed Nour Eddine)
"Essai d'introduction à une étude étymologique du dialecte algérien", in Annales de l'Université d'Oran, n°1, 1995, Université d'Oran, pp83-94.

VAN GENEP (Arnold)
Ritos de passagem.
Paris, E.Noury , 1981 reed. 226 p.

YELLES -CHAOUCH (Mourad)
Le Hawfi. Poesia feminina e tradição oral no Magrebe
Argel, OPU, 1990,424 p

ZERDOUMI (Nafissa)
Crianças de ontem. A educação das crianças num ambiente tradicional argelino
Prefácio de Maxime Rodinson
Paris, François Maspero, 1982,302 p

ABDERAHIM GUENAOU

Abderahim nasceu a 2 de setembro de 1990 em Ain El Hûts, onde passou toda a sua infância e continua a viver no hawz de Tlemcen, no seio de uma família muito modesta, cujo pai, Benaissa, era um simples trabalhador que ganhava o seu salário para sustentar a sua pequena família. Quando atingiu a idade escolar, inscreveu-se na escola mista de Ain El Hûts, onde o pai, a mãe, as tias e os tios, tanto maternos como paternos, continuaram a sua educação.

O avô materno estava disposto a prosseguir os seus estudos na escola que acabava de abrir as portas a 1 de outubro de 1938, mas as difíceis condições socioeconómicas dos pais não podiam ser favoráveis à educação, quer na escola corânica, quer na escola pública, após a celebração do centenário da ocupação francesa da Argélia e antes do início da Segunda Guerra Mundial. Estas condições eram semelhantes para os seus avós, tanto do lado materno como paterno.

O jovem Abderahim continuou os seus estudos até passar no exame de admissão ao sexto ano (2000), altura em que se inscreveu no Collège d'Enseignement Moyen: CEM El Habbek em Abou Tachfine por um único período, antes de passar para o CEM Malek Bnou Anès em Négrier, atualmente Chetouane. Passou para o primeiro ano do ensino secundário com o Brevet d'Enseignement Moyen, um diploma bilingue obtido em 2006.
Em seguida, frequenta o Liceu dos Três Irmãos Attar em Negrier (Chetouane). Durante um ano, estuda Ciências Técnicas Matemáticas, especialidade vulgarmente conhecida como Mathéleme.

De facto, o seu avô materno insistiu para que ele frequentasse o ensino secundário para poder seguir as pisadas dos seus tios maternos. Obteve o seu baccalauréat T.M. (Techniques Mathématiques) em 2011.

Prosseguiu depois os seus estudos em geologia, tendo-se licenciado em 2014, seguido de um mestrado (2019). Na especialidade de Hidrologia e defendida em outubro de 2020, a tese de mestrado intitula-se :

"Cálculo e validação de um modelo de precipitação-escoamento: aplicação aos dados de ued Isser (Tafna, noroeste da Argélia).

APÊNDICES

Anexo n.º 01

A lenda da água em Tlemcen Toda uma mitologia é tecida em torno da água e da neve em Tlemcen, cujo nome provém de "thala m'sen", que em Tamazigt significa "fonte com duas nascentes", ou "thala msan", que significa "fonte suave". A lenda da água em Tlemcen, contada pelo escritor Foudil Benabadji, vice-presidente dos "Amigos de Tlemcen", ilustra bem esta etimologia hídrica: El Ourit, El Mefrouch, Mouillah Boukiou, saquiet el nosrani, sahridj bedda... estão todos secos. "A água tem de voltar a Tlemcen. Eu vou buscá-la." Foi este o desafio lançado pelo príncipe que derrotou "El Ghoul", o ogre malvado. A água começou a jorrar das fontes como pérolas de cristal... As fontes voltaram à vida, como Aïn el Ouzir, Aïn bent Soltane, Aïn Keubba, Aïn Tolba, Aïn el Hout, Aïn el Hdjel, Aïn el Modj-arra (El Mouhadjir), Aïn Djnan, Aïn Sidi Ahmed, Aïn Attar... As canções "haoufi" ressoam de novo... na cidade. E foi a partir dessa altura que a nossa boa cidade tomou o nome de "Tilimcène", que significa "fontes" em berbere, diz o contador de histórias...Longe da lenda, os habitantes de Tlemcen costumavam organizar rogações para pedir chuva ("tol el latif") quando a falta de chuva comprometia as colheitas ou o pastoreio na primavera; visitavam especialmente os principais santos padroeiros da cidade, Sidi Daoudi, Sidi Boumediene, Sidi Abdelkader, Lalla Setti, Sidi Boudjemaâ... e faziam-lhes invocações. Ao mesmo tempo, realizaram as seguintes tarefas na "mçalla" de Mansoura, Ouzidane, "çalat el istisqa'" (oração colectiva ao ar livre para invocar a chuva). Entretanto, as crianças não estavam paradas. Andavam pelas ruas com uma boneca de trapos ou um espantalho (duas canas cruzadas cobertas com um vestido velho e gasto) chamado "Ghanja" e cantavam Ghanja, Ghanja, natalbouk r'ja, ya rabbi aâtina ch'ta..." (Ghanja, Ghanja, enche a esperança!) (Ghanja, Ghanja, enche a esperança! Ó meu Deus, dá-nos chuva! E vós, sinos, tocai para que a pobre mulher sem marido possa viver). Batiam às portas das casas para serem aspergidas com água como um bom presságio. Aquele que tem a tez branca é o significado de "Ghanja", que seria a berberização da palavra Ganus ou Janus, de etimologia pagã. Uma mudança semântica "Em árabe, ghanja significava canção, ou poesia cantada, em referência à raiz árabe "ghnâ" (canção)... Também cantávamos "Ya ch'ta sabi sabi, m'a t'sabich aliya, hata dji hamou khouya, ghatini ba' zarbiya"... (Oh chuva, cai, cai mas não me encharques, até que o meu irmão Hamou venha cobrir-me com um tapete). O'urs dib" (o casamento da raposa) era celebrado "debaixo" do arco-íris, quando havia uma combinação de chuva e sol: "chrika djat Allah, Allah, f'dila djat, Allah, Allah! (chega a concubina, chega o favorito), uma alusão ao binómio chuva/sol. Quando o tempo estava mau e para afastar a má sorte, as mulheres idosas recitavam um lamento místico enquanto cardavam ou "descascavam" a "m'qatfa": "Ghitna, ghitna ya latif bi khal'qihi, ida nazala el qada' yaatba'ou loutfou" (Ó meu Deus, trazei o Vosso socorro, Vós que sois Temperante para com as Vossas criaturas, mitigai a fatalidade com a Vossa temperança). Antigamente, quando o ciclo das estações era regular e o clima não tinha efeito de estufa, vivia-se o inverno, neste caso com os seus rituais meteorológicos e culturais intrínsecos. Fonte desconhecida

A fonte que merece ser mencionada

ÍNDICE DE CONTEÚDOS

MIX
Papier aus verantwortungsvollen Quellen
Paper from responsible sources
FSC® C105338

Printed by Books on Demand GmbH, Norderstedt / Germany